新时代乡村振兴丛书

郝东川 ◎ 主编

蔬菜
病虫害诊断与防治技术

SPM 广东科技出版社
南方传媒 全国优秀出版社
· 广 州 ·

图书在版编目（CIP）数据

蔬菜病虫害诊断与防治技术/郝东川主编.-- 广州：广东科技出版社，2024.11. --（新时代乡村振兴丛书）.
ISBN 978-7-5359-8381-7

Ⅰ.S436.3

中国国家版本馆CIP数据核字第2024AB4305号

蔬菜病虫害诊断与防治技术
Shucai Bingchonghai Zhenduan yu Fangzhi Jishu

出 版 人：	严奉强
责任编辑：	尉义明
装帧设计：	柳国雄
责任校对：	李云柯
责任印制：	彭海波
出版发行：	广东科技出版社
	（广州市环市东路水荫路11号　邮政编码：510075）
销售热线：	020-37607413
	https://www.gdstp.com.cn
E-mail：	gdkjbw@nfcb.com.cn
经　　销：	广东新华发行集团股份有限公司
排　　版：	创溢文化
印　　刷：	广州市东盛彩印有限公司
	（广州市增城区新塘镇上邵村第四社企岗厂房A1　邮政编码：510700）
规　　格：	889 mm×1 194 mm　1/32　印张3.25　字数100千
版　　次：	2024年11月第1版
	2024年11月第1次印刷
定　　价：	20.00元

如发现因印装质量问题影响阅读，请与广东科技出版社印制室
联系调换（电话：020-37607272）。

《蔬菜病虫害诊断与防治技术》编委会

总策划：李湘妮

主　编：郝东川

副主编：冯伟明　陈育民　詹汉利

参　编：（按姓氏音序排列）

丁良梅　傅小华　李志芳　林飚文

罗德涛　单既亮　司　雨　谭丽婷

田瑞钧　王怡玫　温华良　吴颖仪

伍倩慧　杨瑞怡　章乐康　郑书浩

邹剑锋

前言
Qianyan

广东蔬菜种植面积常年保持约150万hm^2，年总产量近4 000万t，是我国重要的蔬菜产区，除满足本地消费需求外，还供应港澳地区与北方市场，因此加强蔬菜产品质量安全意义重大。广东属亚热带季风气候，常年高温、多雨和高湿，再加上大面积、连年种植，导致蔬菜作物的病虫发生种类多且为害严重。为了防治病虫为害作物，菜农主要依靠化学防治方式，且不合理施用农药问题比较突出，蔬菜质量安全和生态环境安全的风险高，严重制约了蔬菜产业的持续健康发展。绿色防控是发展现代农业，建设资源节约型、环境友好型农业，保证农业生产安全、农产品质量安全、农业生态安全和农业贸易安全的有效途径。为贯彻落实"公共植保、绿色植保"理念，佛山市农业科学研究所一直致力于蔬菜病虫害绿色防控技术及农药科学使用技术的研究与推广，为广东农作物质量安全和生态环境安全提供技术支撑。

近年来，随着社会和公众对农产品食用安全和农业环境保护的日益重视，越来越多的植保工作者认识到绿色防控技术集成的重要性。如何真正理解和把握绿色防控技术集成，如何应用技术集成的思想来指导具体的病虫防控生产实践活动，已成为当今建设现代植保体系的焦点和热点。

为了促进农作物病虫害绿色防控技术的推广应用，编者总结了广东主要蔬菜病虫害发生规律及绿色防控技术，汇编了这本《蔬菜病虫害诊断与防治技术》。本书作为"新时代乡村振兴丛书"之

一，用规范、通俗、易懂的方式，将相关产业中的创新实用技术、经验方法呈现给读者。全书共分为5章，分别介绍了十字花科、瓜类、茄果类、豇豆等不同作物的主要病虫害发生规律及防治技术要点，最后对农作物病虫害绿色防控技术集成进行了详细介绍。为方便广大基层农技人员及农民朋友参考使用，本书配有大量图片以便读者快速识别病虫害发生种类和关键防控技术，以促进绿色防控技术集成向规范化和标准化发展。

由于编者实践经验和技术水平有限，难免有不妥和疏漏之处，恳请读者批评指正。

编　者

2024年7月

目 录
Mulu

一、十字花科作物主要病虫害 / 01
1. 软腐病 / 02
2. 甘蓝黑腐病 / 03
3. 叶菜生理性病害 / 05
4. 小菜蛾 / 06
5. 菜青虫 / 08
6. 黄曲条跳甲 / 10
7. 烟粉虱 / 15

二、瓜类作物主要病虫害 / 17
1. 霜霉病 / 18
2. 瓜类炭疽病 / 19
3. 瓜类白粉病 / 20
4. 瓜类枯萎病 / 22
5. 瓜类疫病 / 23
6. 蔓枯病 / 26
7. 病毒病 / 27
8. 煤烟病 / 29
9. 瓜类药害 / 30
10. 瓜绢螟 / 32
11. 二斑叶螨 / 33

12．黄守瓜 / 36

13．实蝇 / 37

14．蓟马 / 40

15．斜纹夜蛾 / 42

16．烟粉虱 / 44

三、茄果类作物主要病虫害 / 47

1．青枯病 / 48

2．茎基腐病 / 50

3．疫病 / 51

4．辣椒叶斑病 / 53

5．炭疽病 / 55

6．低温冷害 / 56

7．蓟马 / 57

8．辣椒茶黄螨 / 59

9．烟粉虱 / 63

10．茄果类药害 / 65

四、豇豆主要病虫害 / 67

1．炭疽病 / 68

2．锈病 / 69

3．白粉病 / 70

4．轮纹病 / 71

5．蓟马 / 72

6．豆荚螟 / 74

7．斜纹夜蛾 / 76

8．美洲斑潜蝇 / 78

9．蚜虫 / 79

10．螨 / 80

11．豇豆药害 / 81

五、农作物病虫害绿色防控技术 / 83

（一）绿色防控定义 / 84

（二）绿色防控技术集成路线 / 84

（三）生态调控 / 84

1．选用抗病虫品种、合理布局 / 85

2．水肥管理，清洁田园 / 85

（四）物理防治 / 85

1．诱杀 / 85

2．物理阻隔 / 86

（五）生物防治 / 87

1．以虫治虫 / 87

2．以螨治螨 / 88

3．植物源农药 / 89

4．微生物农药 / 89

（六）科学用药 / 89

1．精准用药 / 89

2．统防统治 / 91

参考文献 / 92

一、十字花科作物主要病虫害

1. 软腐病

软腐病是一种遍布全球的流行性细菌病害，可引起蔬菜腐烂变质，是蔬菜细菌病害之首，易造成重大的经济损失。该病害寄主广泛，可侵染白菜、番茄、马铃薯、甘蓝、葱类、黄瓜、萝卜、芹菜等几十种蔬菜；危害期长，一年四季在蔬菜生产和贮藏各个时期均可发生（图1-1、图1-2）。

图1-1　白菜软腐病

图1-2　甘蓝软腐病

【发生规律】

软腐病常发生在低洼、连作的田块。土壤板结缺氧、连续阴雨天气、田间积水、高温高湿等不利环境更容易使蔬菜感病。病菌存在于感病植株、土壤、粪肥、昆虫等，通过昆虫、雨水、空气和人为因素传播。

【防治策略】

（1）农业防治：选用抗病品种。高畦栽培，有利于水的排灌和作物根系发育，提高抗病能力。雨后及时排水，避免田间积水。发现病株及时拔除，并撒施石灰消毒处理，避免病菌蔓延感染。

（2）化学防治：选用20%噻唑锌悬浮剂、50%氯溴异氰尿酸可溶粉剂、1 000亿CFU/g枯草芽孢杆菌可湿性粉剂、2%春雷霉素水剂或20%噻菌铜悬浮剂等药剂按标签推荐剂量，选择晴天施药，每隔10天喷1次药，连续喷3次，喷雾时力求做到均匀。

2. 甘蓝黑腐病

甘蓝黑腐病是由黄单孢杆菌引起的一种细菌性病害，严重威胁着甘蓝的产量和质量，可造成减产70%以上，是影响甘蓝经济效益的主要因素之一。该病还可为害花椰菜、白菜、萝卜等十字花科作物。

【为害症状】

甘蓝黑腐病主要发生在甘蓝成株期，为害叶片、叶球和球茎。病菌多从叶缘侵入发生，形成黄褐色的"V"形枯斑，病斑快速蔓延使叶脉变黑，故而称作黑腐病（图1-3至图1-5）。发病严重的病株球茎维管束变黑或腐烂而不发臭，区别于软腐病。

图1-3　甘蓝黑腐病发病症状

图1-4　甘蓝黑腐病叶片发病症状　　图1-5　甘蓝黑腐病根部发病症状

【发生规律】

甘蓝黑腐病病原菌可在种子、留种植株、田间的作物病残体上越冬保存，其中种子带菌是黑腐病传播的主要方式，还可通过昆虫、农具、灌溉水、雨水等传播。高温高湿、地势低洼、植株徒长、多雨、连作、偏施氮肥、排水不良、植株早衰等因素均会加重甘蓝黑腐病的发生。黑腐病病原菌的侵染通常伴随其他病原菌的复合侵染，从而造成复合病害的大流行。

【防治策略】

（1）选择抗病能力强、优质、高产、适宜当地栽培的甘蓝品种，要注意种子消毒，在播种前做好药剂消毒及高温消毒。

（2）栽培上要注意轮作换茬，可有效减轻甘蓝黑腐病的发生。

（3）采用高畦栽培，加强田间水分管理，雨后及时开沟排水，遇旱应及时灌溉，避免过旱过涝。

（4）科学施肥，增强甘蓝的抗病能力，提高甘蓝的品质。

（5）及时清除田间染病的严重病株，隔离清理，撒施生石灰防止病原菌的扩散。

（6）化学防治：发生初期，可按标签推荐剂量在叶面喷洒20%噻唑锌悬浮剂、20%噻菌铜悬浮剂等细菌类杀菌药剂，并且重点喷洒在发病部位或者茎部；不可过量使用单一药剂，每7天喷施一次，连续喷2～3次。

3. 叶菜生理性病害

叶菜生理性病害是指叶菜类蔬菜在生长过程中，由于非生物因素（如环境条件、营养失衡、水分管理不当等）引起的生理异常现象，这些异常并不涉及病原微生物的侵染（图1-6）。

图1-6　土壤酸度大导致根肿

【防治策略】

（1）分析原因：首先，需要明确引起叶菜生理性病害的具体原因，如低温、高温、土壤湿度过大、土壤营养供应不均衡、用药不当或滥用植物生长调节剂等。

（2）优化土壤：保持土壤疏松、透气，合理施肥，确保土壤营养供应均衡。偏酸田块在耕整时，可施用熟石灰75～100 kg/亩。

（3）化学防治：每亩增施含氨基酸水溶肥料15 kg、含枯草芽孢杆菌的微生物菌肥300～600 mL、叶面喷施0.01%芸苔素内酯可

溶性液剂1 000～1 500倍液、5%氨基寡糖素水剂500倍液或2%香菇多糖水剂500～700倍液。但需注意药剂的浓度和用量，避免药害发生。针对缺素病等营养不均衡问题，可通过叶面喷施相应的微量元素肥料进行补救。如缺铁性黄叶病可喷施含铁肥料。

4. 小菜蛾

小菜蛾属鳞翅目菜蛾科，是一种全球性的重要害虫（图1-7至图1-11）。主要为害十字花科蔬菜，如菜心、白菜、甘蓝、芥蓝等。小菜蛾幼虫取食寄主植物叶片、茎秆、花蕾，一般在11月至翌年3月发生严重。

图1-7 小菜蛾卵

图1-8 小菜蛾幼虫

图1-9 小菜蛾成虫（广东省农业科学院植保所　林庆胜摄）

图1-10 小菜蛾蛹

一、十字花科作物主要病虫害

图1-11　小菜蛾田间为害症状

【发生规律】

小菜蛾在广东一年发生20代左右，为害高峰出现在春季和秋季十字花科作物大面积栽培季节；3—4月，出现第1个小高峰，6—8月数量较低，秋季10—11月出现第2个高峰。干旱条件有利于小菜蛾为害发生，潮湿多雨对其发育不利。

【防治策略】

（1）农业防治：休耕、轮作（图1-12）。

图1-12　水旱轮作

（2）物理防治：杀虫灯（图1-13）、性诱剂（图1-14）。

图1-13　频振式杀虫灯诱杀成虫　　图1-14　昆虫性诱剂诱杀小菜蛾成虫

（3）生物防治：释放叉角厉蝽、菜蛾绒茧蜂等天敌。

（4）化学防治：科学用药。

①每平方米见到3~5只蛾子3天后喷药。

②抓住有利的喷药时期（图1-15）。

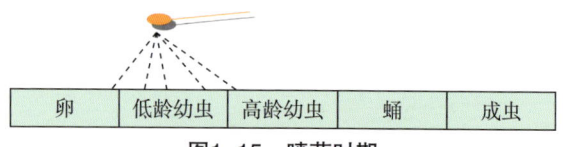

图1-15　喷药时期

③推荐药剂：可选用100 g/L溴虫氟苯双酰胺悬浮剂、60 g/L乙基多杀菌素悬浮剂或3%甲氨基阿维菌素苯甲酸盐微乳剂等药剂按标签推荐剂量对水喷雾。

5. 菜青虫

菜青虫属鳞翅目粉蝶科，主要为害十字花科蔬菜，以甘蓝受害最为严重（图1-16至图1-18）。初龄幼虫在十字花科蔬菜叶背啃食叶肉，残留表皮，呈小型凹斑，3龄以后啃食菜叶成空洞或缺刻，严重时菜叶被吃成网状，只残留叶脉和叶柄。

一、十字花科作物主要病虫害

图1-16 菜青虫卵

图1-17 菜青虫幼虫

图1-18 菜青虫田间为害症状

【发生规律】

由于菜青虫生活周期较短，繁殖能力强，世代重叠严重，耐药性强，农户如使用农药防治害虫的用药量大，存在一定的食品安全隐患，也会对农业生产造成严重损失。

【防治策略】

随着化学杀虫剂大量使用，导致菜青虫抗药性不断增强、防效

下降及农产品质量安全风险增大。为保证蔬菜食用安全、提高蔬菜害虫防效及贯彻农药减量施用原则，建议采用10亿PIB/mL甘蓝夜蛾核型多角体病毒悬浮剂、100亿孢子/mL金龟子绿僵菌油悬浮剂、0.3%苦参碱水剂等生物农药按标签推荐剂量防治。

6. 黄曲条跳甲

黄曲条跳甲属鞘翅目叶甲科，是为害十字花科蔬菜的全球性害虫，被认为是当前最难防治的蔬菜害虫之一（图1-19至图1-22）。黄曲条跳甲在广东世代重叠，无越冬现象，全年均可发生。黄曲条跳甲成虫能飞能跳，其头壳坚硬，前翅角质化，质地坚硬，极不利于药物附着和渗透，防治困难。

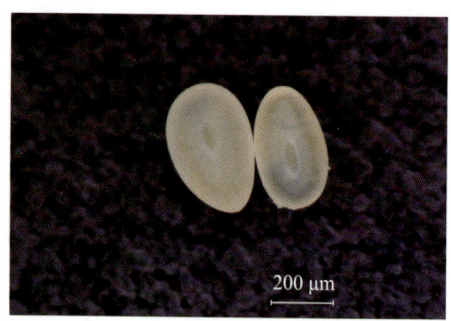

图1-19 黄曲条跳甲卵（广东省农业科学院植物保护研究所 肖勇摄）

图1-20 黄曲条跳甲幼虫（广东省农业科学院植物保护研究所 肖勇摄）

10

一、十字花科作物主要病虫害

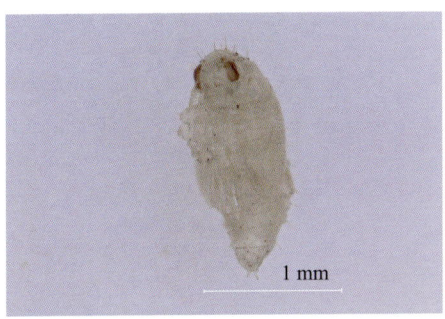

图1-21 黄曲条跳甲蛹（广东省农业科学院植物保护研究所 肖勇摄）

图1-22 黄曲条跳甲成虫

【为害症状】

黄曲条跳甲成虫、幼虫都可对十字花科蔬菜造成危害。成虫喜食蔬菜幼嫩部分，多群集在菜心内或叶片背面取食，造成叶片呈现小孔洞、缺刻，为害严重时叶片布满小孔洞或叶肉被取食仅剩下叶脉（图1-23），严重影响植株生长发育甚至造成植株死亡，使作物品质和产量下降，乃至绝收。幼虫在土壤或者根系中孵化后，蛀入蔬菜根内取食或由须根向主根啃食表皮，形成条状不规则疤痕，须根被咬断，造成植株叶片发黄、萎蔫，为害严重的地块可导致整片作物枯死（图1-24、图1-25）。同时，黄曲条跳甲取食蔬菜造成的伤口，容易引起植株感染病菌，造成植株萎蔫、腐烂，幼苗期蔬菜受害较为严重，可导致缺苗断垄，甚至全田绝收（图1-26）。

图1-23　黄曲条跳甲成虫为害叶片

图1-24　黄曲条跳甲幼虫咬食根部

图1-25　黄曲条跳甲幼虫咬食萝卜根部造成作物萎蔫

图1-26　黄曲条跳甲苗期为害造成菜心绝收

【发生规律】

黄曲条跳甲嗅觉敏感，发生迅速，在十字花科作物一出土就可迁来为害，能飞善跳、抗药性强，防治困难。在广东世代重叠，可常年为害，发生动态如图1-27所示，十字花科蔬菜连作区发生严重，轮作区发生较轻。

一、十字花科作物主要病虫害

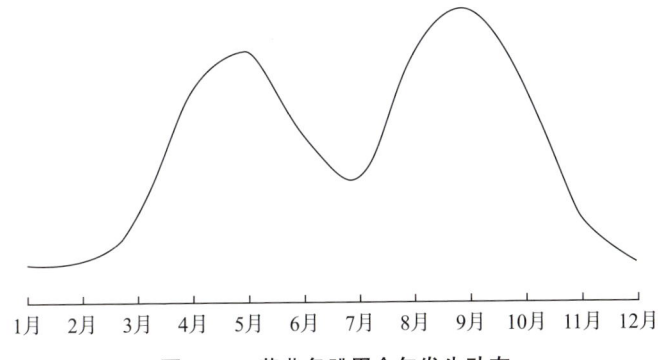

图1-27 黄曲条跳甲全年发生动态

【防治策略】

（1）轮作、翻耕暴晒、休耕、浸田（图1-28）。

（2）播种前进行土壤处理或种子处理。

（3）黄板配合信息素诱杀（图1-29）。

（4）采用防虫网阻隔（图1-30、图1-31）。

图1-28 浸田和翻耕

图1-29 黄板诱杀

图1-30 防虫网阻隔

图1-31 地毯式覆盖防虫网防治菜心黄曲条跳甲

地毯式覆盖防虫网防治技术要点：轮作或处理土壤后播种，播种后采用40目防虫网立即盖网。盖网后不影响浇水、淋肥，如果其他农事操作需要揭网，操作完成后立即盖网。

（5）化学防治。幼虫：可用绿僵菌、鱼藤酮、高效氯氰菊酯、辛硫磷等药剂进行土壤处理。成虫：可选用5%溴虫氟苯双酰胺悬浮剂、5%啶虫脒乳油、15%哒螨灵乳油、6%鱼藤酮微乳剂、4.5%高效氯氰菊酯乳油或5%甲氨基阿维菌素苯甲酸盐微乳剂等多种药剂按标签推荐剂量交替使用或混配，防止害虫产生抗药性。

建议喷淋结合：上午喷药，当天下午淋药（图1-32）。

一、十字花科作物主要病虫害

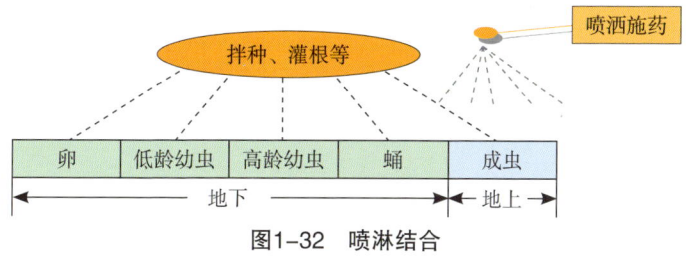

图1-32 喷淋结合

7. 烟粉虱

烟粉虱属半翅目粉虱科小粉虱属，是一种寄主范围极广的全球性虫害。

【为害症状】

烟粉虱有趋嫩性，成虫偏爱群聚在作物嫩叶背面刺吸植物汁液，使叶片褪绿、变黄，导致营养流失，并可分泌蜜露，诱发煤烟病，影响作物光合作用，还可以传播多种病毒引起的病毒病，使生长受阻（图1-33）。

图1-33 烟粉虱为害花菜叶片

【发生规律】

烟粉虱繁殖能力强,在广东一年发生11~15代,无越冬现象,世代重叠严重,对十字花科蔬菜的生产具有严重的危害性,多雨季节,虫口数量较少。

【防治策略】

(1)农业防治:加强田间管理,及时清除残枝落叶和杂草,集中销毁。

(2)生物防治:人工释放丽蚜小蜂等天敌昆虫。

(3)物理防治:利用烟粉虱趋向性,田间放置黄板或黄板+信息素诱杀成虫,每亩20~25张,根据虫量10天左右更换一次,随作物生长的高度及时调整悬挂高度。

(4)化学防治:可以用99%矿物油乳油、20%呋虫胺可溶粉剂、10%溴氰虫酰胺可分散油悬浮剂、10%烯啶虫胺可溶液剂、50 g/L双丙环虫酯可分散液剂、25%吡蚜酮悬浮剂、22.4%螺虫乙酯悬浮剂或25%噻虫嗪水分散粒剂等药剂按标签推荐剂量对水喷雾,每7天喷施一次,连续喷2~3次。

二、瓜类作物主要病虫害

1. 霜霉病

【为害症状】

霜霉病为害瓜类时中下部叶片先发病，出现受叶脉限制的褪绿色黄斑，天气潮湿时在病斑的反面长出灰黑色霉层，病斑扩大后相连成片，直至干枯而死。多雨、多雾、空气潮湿、昼夜温差大，容易发病。若平均温度超过30 ℃，病害就会受到抑制（图2-1、图2-2）。

图2-1　丝瓜霜霉病叶片发病症状

图2-2　丝瓜霜霉病田间发病症状

【防治策略】

（1）高畦深沟，做好通风透光、排水降湿工作，开花结瓜及采收后要及时追肥，防止早衰。

（2）化学防治：发病初期必须及时喷药，可选用52.5%噁酮·霜脲氰水分散粒剂、687.5 g/L氟菌·霜霉威悬浮剂等按标签推荐剂量对水喷雾，每隔7天喷一次，连续喷3～5次。

2. 瓜类炭疽病

【为害症状】

植株各部位都可受害，病斑周围有黄色晕圈，潮湿时长出黑色小粒点，干燥时病斑中部易穿孔，病斑相连时可使叶片早枯；叶柄、茎蔓受害产生黑褐色梭形或短条状稍凹陷的病斑，上生黑色小粒点，严重时可使病部萎缩；瓜果染病，产生油渍状近圆形凹陷病斑，严重时瓜果腐烂，在贮运销售期间可继续受害（图2-3、图2-4）。

图2-3 苦瓜炭疽病

图2-4 黄瓜炭疽病

【发生规律】

高温、多雨、潮湿的天气有利于此病的发生和流行。栽培因素中，连作、地势低洼、排水不良、种植密度大、土壤瘦瘠、施肥不足或偏施氮肥等情况，都有利于诱发炭疽病。

【防治策略】

（1）轮作。

（2）搞好田间排水，通风降湿，清除田间作物病残体。

（3）施足优质有机底肥，结瓜期及时补充追肥。

（4）化学防治：种子消毒，用70%甲基托布津可湿性粉剂浸种30 min，冲净后催芽播种；发病初期可选喷10%苯醚甲环唑水分散粒剂、250 g/L吡唑醚菌酯乳油等按标签推荐剂量对水喷雾，每隔7天喷一次，连续喷3～4次。

3. 瓜类白粉病

【为害症状】

苗期至收获期均可发生，发病初期，叶片正面产生白色近圆形的小粉斑，以后逐渐扩大成边缘不明显的大片白粉斑（图2-5、图2-6）。干旱地区、潮湿地区都可发生。

图2-5 白粉病为害田间叶片症状

图2-6 黄瓜白粉病发病症状

【发生规律】

高湿有利于病菌的侵染和发展。栽培管理粗放、偏施氮肥、灌水过多等情况,易造成植株徒长,枝叶过密、株间郁闭、光照不足、通风不良、湿度增大,有利于发病。不同品种的抗病性不同,一般嫩叶比老叶抗病能力强。

【防治策略】

(1)生产上选用抗病品种,一般抗霜霉病的黄瓜品种均较抗白粉病。

(2)要注意田间排水与通风透光,以降低田间湿度。

(3)合理密植,基肥中要增施磷、钾肥,生长中后期要适当追肥,既要防止植株徒长,也要防止早衰。

(4)植株生长期喷施75%百菌清可湿性粉剂、20%三唑酮乳油等药剂预防。发病初期要及时按标签推荐剂量喷250 g/L吡唑醚菌酯乳油、29%吡萘·嘧菌酯悬浮剂、41.7%氟吡菌酰胺悬浮剂、

60%丙森锌·氟唑菌酰胺水分散粒剂等药剂。每隔6～7天喷施一次，根据病情共喷2～4次。

4. 瓜类枯萎病

【为害症状】

枯萎病的特点是从侵染到发病（即潜育期）的时间很长，瓜类整个生育期均可受害，以结瓜期发病最重。发病时，初期植株下部叶片褪绿，出现黄色网纹状、变黄，并逐渐向上发展（图2-7）；中午高温时病株叶片萎蔫，早、晚温度低时或浇水后又可暂时恢复。几天后便严重萎蔫、枯死。剖开病蔓，可见维管束组织变褐。

图2-7　瓜类枯萎病田间症状

【发生规律】

典型土传病害,病原菌在土壤中可存活6~7年。一般地势低洼、土层贫瘠的田块发生较重;酸性土壤发病重(如pH5.5~6.5),施用未腐熟有机粪肥的发病重;地下害虫多的地块,枯萎病发生较重;连作栽培比轮作发病重;低洼地发病重;浇水多比浇水少发病重;不清洁田园比清洁田园发病重。

【防治策略】

(1)农业防治:选用抗病品种,一般抗霜霉病的品种都不抗枯萎病。避免连作,宜与水稻轮作。播种前翻晒土壤,可施用石灰降低土壤酸度。瓜田收获后应彻底清园,将病残体带出田外晾干后烧毁。避免施未腐熟的粪肥。瓜田避免大水漫灌。加强幼苗管理,促使幼根发育增强抗性。通过嫁接,提高抗性。

(2)化学防治:用多菌灵或高锰酸钾溶液浸种处理,用多菌灵进行苗床消毒、利用棉隆进行土壤熏蒸处理等预防措施。若田间已发病,淋药无效。在发病初期用70%噁霉灵可湿性粉剂、80%代森锰锌可湿性粉剂、3%中生菌素可湿性粉剂等按标签推荐剂量灌根预防。

5. 瓜类疫病

【为害症状】

瓜类疫病是瓜类作物上的主要病害之一,苗期开始至成株期均可发病,茎、叶、果均可染病。苗期感病多从嫩梢发生,茎、叶、叶柄及生长点呈水渍状,暗绿色,最后干枯、秃顶、死亡(图2-8、图2-9)。枯萎病与疫病特征区别见表2-1。

图2-8 冬瓜疫病症状

图2-9 疫病暴发,造成植株枯死

表2-1 枯萎病与疫病的区分特征

区分类别	枯萎病	疫病
叶部症状	变黄	不变黄
茎基部症状	不缢缩	严重缢缩
维管束症状	变褐	不变褐
为害部位	维管束	叶、茎、果

【发生规律】

该病发生与温度和降水量有着密切关系，雨量大、雨次多、空气湿度大，特别是大暴雨后，时晴时雨，天气闷热，最易诱发疫病流行。高温、多雨季节是瓜类疫病的盛发期，这一时期正值春植瓜类的结果期，往往因该病为害造成大量烂瓜，影响瓜的产量和品质。

【防治策略】

（1）轮作，及时清除田间病残体。

（2）种子消毒是一种有效的措施，播种前先用50～53 ℃热水浸泡15～20 min，其间不断搅拌种子使其均匀受热消毒，然后在常温下浸种、催芽。或用68%精甲霜锰锌水分散粒剂1 000倍液浸种0.5 h，然后在常温下浸种，并用清水冲洗干净后催芽。

（3）高畦栽培，合理密植。

（4）化学防治：可选用52.5%噁酮·霜脲氰水分散粒剂、687.5 g/L氟菌·霜霉威悬浮剂、70%丙森锌可湿性粉剂、722 g/L霜霉威盐酸盐水剂等按标签推荐剂量喷雾。

6. 蔓枯病

【为害症状】

主要为害茎叶，也可为害果实，茎部受害时，呈水渍状灰色斑，慢慢向其他节部发展，病处有灰褐色胶汁。干枯后病部表面凝固成暗红色至灰黑色的条状胶质物。叶片症状主要发生在叶缘，产生黑色弧形或楔形病斑，病部变褐，表面附着黑色小粒点。果实染病，初为水渍状圆点，再向内部深入，引起软腐（图2-10）。

图2-10　黄瓜蔓枯病

【发生规律】

瓜类的蔓枯病是真菌性病害，病原菌主要在土壤及病残株中越冬，翌年释放分生孢子和子囊孢子进行初次侵染。病原菌在5～35℃下都可以生长，最适温度25～30℃，降水量大、田间湿度高、通风透光性不好的连作田块易导致蔓枯病的发生流行。

【防治策略】

（1）选用抗病品种。

（2）种子消毒，播种前先用50～53 ℃温水浸泡15～20 min，其间不断搅拌种子使其受热均匀，然后在常温下浸种、催芽。或用68%精甲霜锰锌水分散粒剂1 000倍液浸种0.5 h，然后常温下浸种，并用清水冲洗干净后催芽。

（3）发病初期，用325 g/L苯甲嘧菌酯悬浮剂或25%咪鲜胺乳油按标签推荐剂量对水喷雾，每7～10天喷施一次，连续喷2次。

（4）茎部病斑，可以用高浓度药液涂抹，如36%甲基硫菌灵可湿性粉剂。

7. 病毒病

【为害症状】

瓜类的病毒病在田间最为常见的是花叶型和蕨叶型，花叶型病毒病叶部首先发生褪绿的黄绿相间斑点，而后茎蔓上部茎节变短，不易坐果，再转成大小不一的整体性斑驳花叶，整个叶片高低不平，变皱致畸；蕨叶型病毒病，新出嫩叶变皱弯曲，初抽叶片为条状，新长枝蔓细长，老蔓长粗无法坐果，果实畸形，影响产量（图2-11至图2-14）。

图2-11 葫芦瓜病毒病

图2-12 南瓜病毒病

图2-13 西葫芦病毒病

图2-14 节瓜病毒病

【发生规律】

瓜类的病毒病在作物中大多以粉虱、蓟马、蚜虫等刺吸式口器害虫取食过程中传播或农事活动的接触传播,病原菌在有毒昆虫体内、作物种皮上越冬。害虫发生数量大、发病较重,气温高、光照强、雨水少有利于蚜虫的繁殖和迁飞传毒,在夏季及秋季易发生。植株缺肥、生长势弱、土地瘠薄、瓜田杂草丛生田块发病严重,大田瓜地发病重于大棚瓜地,葫芦瓜和南瓜发生面积大、危害严重。

【防治策略】

(1)选择无毒种子,防止种子传毒。

(2)注意田间通光透风,加强田间管理,培育壮苗,及时清除田间杂草。

(3)在农事操作修剪侧枝、绑蔓时,工具要及时消毒,分批作业。

(4)种子消毒,育苗前可以用高锰酸钾1 000倍液浸泡30 min后洗净,再催芽播种。

(5)预防为主,注意蚜虫、蓟马、粉虱等传毒害虫防治,及时排除毒株并带离销毁。

(6)发病前或发病初期,可以用2%宁南霉素水剂或20%吗胍·乙酸铜可湿性粉剂按标签推荐剂量喷雾防治。

8. 煤烟病

【为害症状】

煤烟病也称煤污病,主要为害茎叶,叶片发病时背面有淡黄色病斑,近圆形至不规则形,斑上有褐色毛状霉,可覆盖整个叶片,枝蔓也可以长出黑褐色毛状霉(图2-15、图2-16)。

图2-15 黄瓜煤烟病病叶

图2-16 黄瓜煤烟病病蔓

【发生规律】

瓜类的煤烟病是真菌性病害,病原菌主要在土壤及病残株中越冬,环境条件适宜的时候产生分生孢子。借助风雨及蚜虫、白粉虱等传播,降水量大、田间湿度高、通风透光性不好、虫害严重的连作大棚易导致煤烟病的发生流行。

【防治策略】

(1)选用抗病品种。

(2)改变棚室小气候,提高通风透光性,及时排涝,防止湿

气滞留。

（3）发病初期，325 g/L苯甲嘧菌酯悬浮剂或10%苯醚甲环唑可湿性粉剂对水喷雾，每7～10天喷施一次，连续喷2次。

（4）发现棚室有蚜虫或白粉虱，可以用10%烯啶虫胺水剂、10%吡虫啉可湿性粉剂、25%噻虫嗪水分散粒剂、10%氟啶虫酰胺悬浮剂或20%氟啶虫酰胺·溴氰菊酯悬浮剂按标签推荐剂量茎叶喷雾防治。

9. 瓜类药害

瓜类药害是指瓜类在生长过程中，由于农药使用不当或过量等因素，导致植株受到伤害的现象。

【为害症状】

叶片症状：叶缘失绿干枯，再生新叶叶缘缺刻浅，叶近圆形；叶片急速扭曲下垂，叶尖白化干枯；叶片上出现被叶脉隔离的黄色斑点，叶片脆、易脱落（图2-17、图2-18）。

植株症状：植株矮化，生长缓慢，茎秆变粗；生长点受抑制，植株生长受到限制；根系受损，根的再生能力差，侧根变粗变短。

花果症状：花瘦小不壮，易脱落，有的枯死在瓜蔓上；结实量少，畸形瓜较多。

图2-17　瓜类药害症状

二、瓜类作物主要病虫害

图2-18 黄瓜药害叶缘干枯症状

【防治策略】

（1）喷水冲洗。在早期药液尚未完全渗透或被吸收时，迅速用大量清水喷洒叶片，反复冲洗3~4次，尽量把植株表面的药液冲刷掉。

（2）加强肥水管理。根据药害程度，增施速效性氮肥，可用尿素100~200倍液冲施，也可使用其他含氮量高的商品化水溶肥冲施。

（3）喷施植物生长调节剂。叶面喷施0.01%芸苔素内酯可溶液剂1 000~1 500倍液、5%氨基寡糖素水剂500倍液或2%香菇多糖水剂500~700倍液。

（4）重新种植。对于药害严重的瓜田，一般不能恢复，可立即拔除重新种植。

（5）避免药害再次发生。严格按照农药说明书和农药使用规定进行喷药，农药混合使用时要科学，避免在高温高湿或低温高湿的环境下喷施农药。

10. 瓜绢螟

瓜绢螟又称瓜螟、瓜野螟、瓜绢野螟，属鳞翅目螟蛾科绢野螟属，是瓜类作物主要害虫之一，在中国广布，主要发生在华东、华南、西南等地。

【为害症状】

瓜绢螟以低龄幼虫在嫩叶、嫩梢啃食叶背，高龄幼虫吐丝缀合叶片或嫩梢，居里头摄食，并蛀入瓜内，损害作物产量和农产品品质（图2-19至图2-23）。

图2-19 瓜绢螟幼虫为害瓜类叶片

图2-20 瓜绢螟为害丝瓜田间症状

图2-21 瓜绢螟为害白瓜田间症状

二、瓜类作物主要病虫害

图2-22 瓜绢螟成虫　　图2-23 瓜绢螟蛹

【发生规律】

瓜绢螟是一种喜高温高湿的瓜类作物重要害虫，主要为害期为4—10月，此虫对温度适应范围广，在15～35℃环境下均可生活，温度在25～30℃、相对湿度大于85%最适宜。瓜类全生长期都可以发生为害，成虫昼伏夜出，稍有趋光性。

【防治策略】

（1）清洁田园，集中烧毁残枝落叶。

（2）释放天敌，喷施苦参碱、龟子绿僵菌或苏云金杆菌等生物农药。

（3）化学防治：选用10%溴氰虫酰胺可分散油悬浮剂、60 g/L乙基多杀菌素悬浮剂、5%甲氨基阿维菌素苯甲酸盐微乳剂、15%茚虫威悬浮剂、4.5%高效氯氰菊酯乳油等药剂按标签推荐剂量防治。

11. 二斑叶螨

二斑叶螨是一种全球性的重要农业害螨，寄主广泛，可为害瓜类、果树、草莓、花卉等多种作物。

【为害症状】

二斑叶螨成螨体背两侧各具有一块暗红色斑，以刺吸式口器吸食植物汁液，受害叶片初期出现苍白色斑点，随着为害程度的加重，叶片大部分会变成灰白色，使叶片变硬、变脆，抑制光合作用的正常进行，甚至枯黄脱落（图2-24、图2-25）。

图2-24　二斑叶螨成虫

图2-25　二斑叶螨为害瓜类叶片的背面

【发生规律】

二斑叶螨习性活泼，爬行迅速，有趋嫩性，可拉网穿行，借风力扩散。二斑叶螨的发生与温湿度有关,干旱无雨且气温高时为害严重,露地栽培,6—7月是为害盛期,设施大棚内可全年为害。

【防治策略】

(1)二斑叶螨具有很高的抗药性,必须选择杀灭成螨、若螨及卵的药剂复配使用,轮换使用减缓抗性发展。

(2)药剂需要打透彻均匀,不能留死角,包括田边杂草。

(3)建议浇水后进行防治,因为二斑叶螨怕水,浇水后,螨虫喜欢扎堆,并且不乱动,利于防治。

(4)防治建议间隔5天,连续2次进行综合预防,避免"漏网之鱼"。

(5)严禁使用高效氯氰菊酯、氯氰菊酯等菊酯类的农药。常用杀螨剂的防效见表2-2。

表2-2　几种常用杀螨剂的防效

序号	农药	防治对象	防效	特点
1	乙唑螨氰	朱砂叶螨、二斑叶螨、红蜘蛛等卵、幼螨、若螨和成螨	90%	非内吸性杀螨剂,主要通过触杀和胃毒作用。对叶片正反喷雾,均匀周到
2	亩旺特(螺虫乙酯)	可用于防治烟粉虱、蓟马、红蜘蛛、介壳虫、螨类等刺吸性害虫	70%	胃毒作用为主,触杀作用为辅的内吸性杀虫剂,杀卵,对成螨无效
3	乙螨唑	各种螨类,对卵及幼螨有效,对成螨无效	70%	阻碍螨卵的胚胎形成及幼螨到成螨的蜕皮过程,没有内吸性
4	哒螨灵	红蜘蛛、二斑叶螨等螨类	50%~60%	较强的触杀作用
5	阿维菌素	广谱	50%~60%	万金油,复配使用
6	螺螨酯	螨类		对卵、幼若螨有效,对成螨无效

注:1.选择杀成螨和卵的药剂复配使用。2.喷药水量要足,做到均匀细致透彻,交替轮换使用。3.防治红蜘蛛、二斑叶螨等螨类害虫,严禁使用高效氯氰菊酯、氯氰菊酯等菊酯类的农药。(2019年佛山市农业科学研究所试验数据)

12. 黄守瓜

黄守瓜是一种全球性的瓜类害虫,包括黄足黄守瓜和黄足黑守瓜,主要为害葫芦科的黄瓜、南瓜、西葫芦、丝瓜、西瓜、甜瓜等。特别是对瓜类苗期的为害尤其严重,如不加防治,叶片受害率常达100%,甚至叶片被吃光,造成植株死亡,严重影响瓜类生产。因其活动敏捷迅速,需多次喷药防治,容易造成农药大量投入和浪费。

【为害症状】

黄守瓜成虫为长椭圆形甲虫,体色橙黄色、橙红色或带棕色,有光泽。幼虫初孵为白色,以后头部渐变为褐色。为害作物时,以身体为半径旋转咬食一圈,所以为害症状是叶片残留若干干枯环形或半环形食痕或圆形孔洞(图2-26)。这是判断为黄守瓜为害的明显特征之一。

图2-26 黄守瓜为害瓜类

【发生规律】

成虫喜温好湿，耐热性强，中午活动最盛，清晨有假死性，白天警觉，人一靠近会迅速飞走。成虫在背风向阳、温暖的杂草、落叶及土缝间、土块下越冬。雌虫在一定条件下随温度、湿度的升高其产卵量随之增加。雨后大量产卵，产于瓜根附近潮湿的表土内或瓜下的土中，壤土中产卵最多，黏土次之，沙土最少。

【防治策略】

（1）农业防治：彻底清除田园，消灭越冬虫源及场所。与非瓜类作物间作或轮作。采用地膜覆盖或根部附近撒拌药的谷糠，减少成虫在瓜根的产卵量。

（2）化学防治：苗期发现成虫为害时，选用4.5%高效氯氰菊酯乳油、40%敌百虫乳油按标签推荐剂量喷雾防治。瓜类苗期抗药力弱，要注意选用适当的药剂和浓度。

13. 实蝇

实蝇属双翅目实蝇科，俗称针蜂，是瓜类蔬菜及南方水果的重要害虫，能够为害的作物有100多种。瓜类实蝇主要为害葫芦科和茄科植物，是苦瓜、丝瓜等瓜类作物上的主要害虫。

【为害症状】

为害瓜类作物的实蝇主要是瓜实蝇和南瓜实蝇，二者的形态特征及生物学特性相似，均以成虫产卵和幼虫钻蛀为害，导致腐烂和落果，造成果蔬质量和品质下降，造成巨大的经济损失（图2-27至图2-29）。

图2-27 瓜实蝇

图2-28 橘小实蝇

图2-29 实蝇为害瓜类作物情况

【发生规律】

实蝇自然传播主要通过成虫飞行及借助气流等扩散，也可以以卵、幼虫和蛹寄生于果蔬内，借助农产品运输等方式传播。在广东大部分地区全年都可以发生，主要发生在6—10月（图2-30）。实蝇成虫飞翔能力强而敏捷，卵和幼虫期潜居果内、蛹期于土表下，整个生活周期（生活史）虫体遭遇杀虫剂毒杀的概率很小，故化学防治的效果一般都不理想。

二、瓜类作物主要病虫害

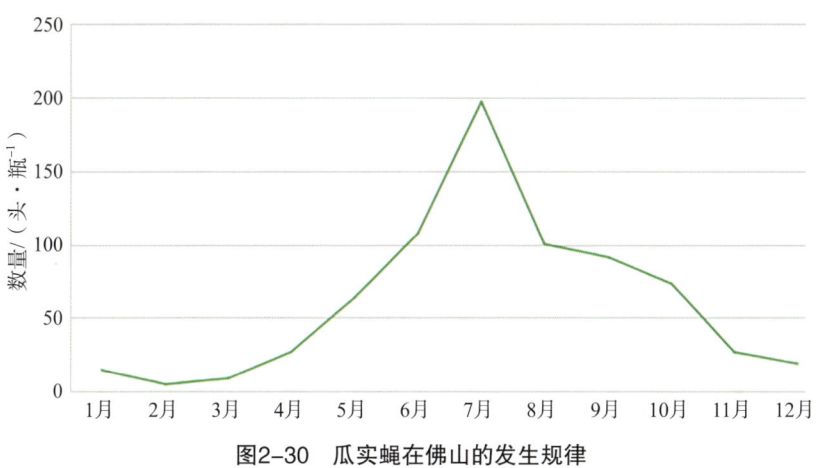

图2-30　瓜实蝇在佛山的发生规律

【防治策略】

目前对两种实蝇的防治主要包括化学防治、生物防治、诱杀、昆虫不育技术及套袋、清理落果等措施（图2-31至图2-33）。但化学防治依然是防治实蝇最重要和最有效的方法之一。

图2-31　实蝇性诱诱杀

图2-32　实蝇色板诱杀　　　　图2-33　实蝇食诱

14. 蓟马

蓟马属缨翅目蓟马科，是列入农业农村部《一类农作物病虫害名录》中的一种害虫。

【为害症状】

成虫及若虫锉吸瓜类作物幼嫩枝叶、花和幼果的汁液，造成被害瓜叶转皱歪曲，心叶无法正常展开，新梢生长缓慢，变硬变脆，节间缩短，生长受阻；为害果时，瓜毛变褐，出现畸形甚至落瓜，影响产量和品质（图2-34、图2-35）。

图2-34　蓟马为害节瓜幼果

图2-35 蓟马为害节瓜嫩叶嫩梢

【发生规律】

蓟马成虫常在瓜类的上部,具迁飞性,有趋嫩性,身体灵敏,活动迅捷,可跳跃,怕光照,常集中在梢顶、花内、叶片背面。成虫体长大多在1 mm左右,雌成虫在细嫩的梢叶中产卵繁殖。成虫、若虫均可取食为害,多在瓜类嫩梢和幼瓜毛丛中取食,少数在叶背为害,气温在26~28 ℃条件下繁殖快,主要是孤雌生殖,也有两性生殖,一年发生20多代,世代重叠严重,可终年繁殖,容易泛滥成灾。

【防治策略】

(1) 田间可以使用蓝板或蓝板结合信息素进行诱杀,每亩20~30张,悬挂高度:苗期高出瓜类冠层10~15 cm,生长中后期及开花结果期距离地面约1.5 m,根据诱虫量,10天左右更换一次。

(2) 在开花结果期可以使用1.5%苦参碱可溶液剂、100亿孢子/g金龟子绿僵菌油悬浮剂等生物农药防治。

(3) 化学防治:可以选用25%噻虫嗪水分散粒剂、8%甲氨基阿维菌素苯甲酸盐可溶液剂、40%氟啶·螺虫酯悬浮剂、30%虫螨腈·唑虫酰胺悬浮剂、30%螺虫乙酯悬浮剂、10%溴氰虫酰胺可分散油悬浮剂等药剂按标签推荐剂量进行茎叶喷雾防治。药剂防治时

可以添加蓟马诱食剂，吸引蓟马接触药液，增加防治效果。

（4）栽培时可采用地膜覆盖，减少成虫为害和幼虫入土化蛹的概率。

15. 斜纹夜蛾

斜纹夜蛾属鳞翅目夜蛾科，是一种喜温而又耐高温的暴食性害虫，对瓜类作物为害大。

【为害症状】

初孵幼虫聚在卵块周围啃食瓜类叶片，剩余叶脉和部分表皮，呈透明网状，一有惊扰，便会向周围逃散或吐丝飘散。2龄后幼虫逐渐分散，食量加大，大龄幼虫进入暴食期常将叶片蚕食光仅留叶柄，也可为害花、幼瓜，斜纹夜蛾幼虫食性很杂，需警惕暴发成灾（图2-36）。

图2-36　斜纹夜蛾幼虫为害葫芦瓜幼苗

【发生规律】

斜纹夜蛾一年发生6～8代，全年均有发生，无明显越冬现象，成虫及各龄幼虫的发育适宜温度为25～30 ℃，最适宜湿度为75%～95%，其繁殖能力强，世代重叠严重，少量虫源即可大规模暴发，而且干旱少雨年份往往发生较重。

【防治策略】

（1）及时清除田间地头杂草，生长期人工摘除卵块和初孵幼虫叶片，集中销毁，化蛹期结合灌溉，淹死部分虫蛹，降低虫口基数。

（2）性诱诱杀，田间放置斜纹夜蛾性诱捕器，每亩2～3个，离地面高度1.5 m左右，及时更换诱芯。

（3）防虫网阻隔，可以搭建防虫网室，防虫网目数40～60目，高3 m，支撑柱间距3～5 m，立柱插地深度大于0.7 m（图2-37）。

图2-37 防虫网阻隔

(4)低龄幼虫抗药力差,可在3龄前,用1%苦皮藤素水乳剂、10亿PIB/克斜纹夜蛾核型多角体病毒可湿性粉剂、11.6%甲维·氯虫苯悬浮剂、3%甲氨基阿维菌素苯甲酸盐悬浮剂、10%溴氰虫酰胺可分散油悬浮剂或14%虫螨·茚虫威悬浮剂等药剂按标签推荐剂量进行茎叶喷雾,根据昼伏夜出习性,宜在傍晚时用药。

16. 烟粉虱

烟粉虱属半翅目粉虱科小粉虱属,是一种寄主范围极广的全球性虫害。

【为害症状】

烟粉虱有趋嫩性,成虫偏爱群聚在作物嫩叶背面刺吸植物汁液,使叶片褪绿、变黄,导致营养流失,并可分泌蜜露,诱发煤烟病,影响作物光合作用,还可以传播由多种病毒引起的瓜类病毒病,使生长受阻(图2-38、图2-39)。

图2-38 烟粉虱成虫

二、瓜类作物主要病虫害

图2-39　烟粉虱若虫

【发生规律】

烟粉虱繁殖能力强,在广东一年发生11~15代,无越冬现象,世代重叠严重,对瓜类的生产具有严重的危害性,多雨季节,虫口数量较少。

【防治策略】

(1)农业防治:加强田间管理,及时清除残枝落叶和杂草,集中销毁。

(2)生物防治:人工释放丽蚜小蜂等天敌昆虫。

(3)物理防治:利用烟粉虱趋向性,田间放置黄板或黄板结合信息素诱杀成虫,每亩20~25张,根据虫量10天左右更换一次,随作物生长的高度及时调整悬挂高度。

（4）化学防治：可以选用20%呋虫胺可溶液剂、10%溴氰虫酰胺可分散油悬浮剂、50%烯啶虫胺可溶粒剂、50%吡蚜酮水分散粒剂、25%噻虫嗪水分散粒剂等药剂按标签推荐剂量对水喷雾，每7天喷施一次，连续喷2～3次。

三、茄果类作物主要病虫害

1. 青枯病

青枯病作为一种细菌性病害,属于土传病害,主要通过土壤进行传播,为害番茄、茄子、辣椒等茄科作物,是茄科蔬菜和多种经济作物的重要病害之一。

【为害症状】

发病初期部分叶片先萎蔫,早晚可恢复,最后全株死亡。死亡后仍保持绿色,但色泽稍淡。纵剖茎部,可见维管束变为褐色。保湿后用手挤压茎横切有乳白色菌液溢出(图3-1至图3-3)。

图3-1 番茄青枯病维管束变褐

图3-2 茄子维管束变褐

【发生规律】

病菌随寄主病残体遗留在土壤中越冬,若无寄主在土壤中最长也可存活6年之久。病菌多从寄主根部或茎部皮孔和伤口侵入,前期潜伏,条件适宜时,即可在维管束内迅速繁殖。雨后初晴,气温升高快,空气湿度大,热量蒸腾加剧,易促成此病流行。土壤呈酸性或钾肥缺乏及高温高湿的环境条件有利于青枯病的发生。

图3-3 茄子、番茄青枯病发病症状

【防治策略】

（1）选育和种植抗病品种。培育壮苗，利用抗性砧木嫁接。

（2）水旱轮作。高垄深沟，排水通畅。

（3）改良土壤，整地时，施用草木灰或石灰等碱性肥料，使土壤呈微碱性。增施钾肥，也可抑制青枯病病菌的繁衍。

（4）化学防治：移栽辣椒时要有"送嫁药"（蘸根），最好是浇定根水时灌根用药，药剂可用20%噻菌铜悬浮剂加70%噁霉灵可溶性粉剂。发现病株及时拔出，病穴撒石灰，并对所有植株用20%噻唑锌悬浮剂、50%氯溴异氰尿酸可溶粉剂、1 000亿CFU/g枯草芽孢杆菌可湿性粉剂、2%春雷霉素水剂或20%噻菌铜悬浮剂等药剂灌根处理，选择晴天施药，每隔7～10天喷施一次，连续喷3次。

2. 茎基腐病

【为害症状】

辣椒茎基腐病症状如图3-4所示。

图3-4　辣椒茎基腐病症状

【发生规律】

辣椒茎基腐病主要有两个高发期，一个是移栽后7～10天，另一个是辣椒开花结果期，为害茎基部，为真菌性病害，如移栽后遇到大的风雨天气，或者土壤湿润，通风透光不良，茎部皮层受伤时容易发病，发病几天全株枯死。

【防治策略】

（1）农业防治：深沟高垄栽培，雨后及时排除积水。增施有机肥，切忌偏施氮肥，增强抗病能力。移栽时注意减少茎部损伤，移栽缓苗后适时控水。撒施石灰调节土壤酸碱度。

（2）化学防治：发病初期全田喷施50%多菌灵可湿性粉剂、70%甲基托布津可湿性粉剂等广谱性杀菌剂，每7天喷施一次，连续喷2～3次。

3. 疫病

疫病是辣椒上的常发病害，属辣椒三大病害之一，对辣椒为害严重，甚至毁园。

【为害症状】

辣椒疫病在整个生育期均可发生，以成株期受害较重，常见症状为分枝处变为黑褐色或黑色。病斑初为水浸状，后出现环绕表皮扩展的褐色或黑色条斑，病部明显缢缩。叶片染病，病斑呈圆形或近圆形，直径2～3 cm，边缘黄绿色，中央暗褐色，湿度大时可见白霉。果实染病先由蒂部开始发病，产生暗绿色、近圆形内陷的水渍状病斑并很快扩展到全果，使病果呈灰绿色，后变软腐。如遇雨天湿度大时，病部会长出白色稀疏霉层（图3-5至图3-7）。

图3-5　辣椒疫病发病症状

图3-6 辣椒疫病为害果实

图3-7 番茄晚疫病

【发生规律】

辣椒疫病属真菌性病害,以卵孢子和厚垣孢子随作物病残体在土壤中越冬或于地面的病残体组织上越冬,种子也可带菌。主要借气流、雨水和灌溉水传播。该病发病周期短、流行速度迅猛,特别在灌水或久雨过后天气突然转晴、气温急剧上升时，易暴发流行。与茄科或瓜类蔬菜连作时发病较重；土质黏重、土壤偏酸、浇水过勤、田间排水不畅的地块也易发生病害。此外，植株长势较差、定植过密、通风透光不良的地块发病重。

【防治策略】

（1）选用抗病品种。

（2）播种前进行种子处理。

（3）发病地块不能与瓜类、茄果类蔬菜连茬，要尽量与豇豆、四季豆等豆科及禾本科、十字花科等作物轮作，轮作时间在3年以上。

（4）清洁田园，对土壤进行深翻和平整，减少病原菌基数。

（5）苗床用杀菌剂处理后播种。

（6）增施有机肥、高垄栽培，科学使用化肥。

（7）在发病初期及时施药，可选用70%丙森锌可湿性粉剂、722 g/L霜霉威盐酸盐水剂、52.5%噁酮·霜脲氰水分散粒剂等药剂按标签推荐剂量喷药处理。

4. 辣椒叶斑病

辣椒叶斑病是一种细菌性病害，辣椒生产上的三大病害之一。此病发展迅速，严重时叶片大量脱落，严重影响光合作用，对产量影响巨大，给农户造成巨大经济损失。

【为害症状】

该病在辣椒苗期至成株期均可发生，主要为害叶片，发病初期叶片上出现黄绿色小斑点，逐渐发展扩大后病斑边缘呈暗褐色，中央稍凹陷，湿度较大时，相互连接形成不规则大型斑（图3-8、图3-9）。

图3-8　辣椒叶斑病为害症状

图3-9　辣椒叶斑病田间症状

【发生规律】

病菌一般在作物病残体或种子上越冬，通过叶片伤口侵入，在田间借助雨水、灌溉水或农具进行传播及再侵染。地势低洼、管理不善、肥料缺乏、植株衰弱、偏施氮肥、高温多雨或遇暴风雨，病害常加重发生。

【防治策略】

（1）避免连作，采用高垄或高畦栽培，雨季注意开沟排水，浇水时采取小水快浇或隔行浇水的办法，收获后及时清除作物病残体并进行销毁。

（2）发病初期及时用药防治。可采用20%噻菌铜悬浮剂、15%络氨铜水剂、77%氢氧化铜可湿性粉剂等药剂按标签推荐剂量喷雾，建议采用几种药剂交替使用，以防止抗药性的产生。

5. 炭疽病

【为害症状】

植株各部位都可受害，病斑周围有黄色晕圈，潮湿时长出黑色小粒点，干燥时病斑中部易穿孔，病斑相连时可使叶片早枯；茎、叶受害产生黑褐色梭形或稍凹陷的病斑，病斑上生黑色小粒点，严重时可使病部萎缩；果实染病，产生油渍状近圆形凹陷病斑，严重时腐烂，在贮运销售期间可继续为害果实（图3-10）。

图3-10 炭疽病为害辣椒叶、茎、果实症状

【发生规律】

高温、多雨、潮湿的天气有利于此病的发生和流行。栽培因素中,连作、地势低洼、排水不良、种植密度大、土壤瘦瘠、施肥不足或偏施氮肥等,都有利于诱发炭疽病。

【防治策略】

（1）轮作。

（2）做好田间排水,通风降湿,清除田间作物病残体。

（3）施足优质有机底肥,结果期及时补充追肥。

（4）化学防治：种子消毒,用70%甲基托布津可湿性粉剂700倍液浸种30 min,冲净后催芽播种；发病初期可选用10%苯醚甲环唑水分散粒剂、250 g/L吡唑醚菌酯乳油等按标签推荐剂量喷雾,每隔7天喷施一次,连续喷3～4次。

6. 低温冷害

【为害症状】

茄果类蔬菜生理性病害,多是生育期间遇到低温天气,造成生理活性下降,生长受阻,甚至死亡,造成减产或者绝收（图3-11）。

图3-11　番茄低温生理性卷叶及冷害田间症状

【发生规律】

茄果类作物在温度低于10 ℃时会受到严重的影响，导致新陈代谢失调，生长速度明显减缓；而温度低于5 ℃时会受到显著的生理性伤害，影响其正常生长和发育；特别是当温度降至1 ℃以下时，茄果类作物就会冻死。

【防治策略】

（1）避免连作，选用早熟高产良种，适时播种。

（2）出现低温天气前喷施0.01%芸苔素内酯水剂，提高茄果类蔬菜抗病抗逆能力，促进正常生长。

7. 蓟马

蓟马是我国果树、花卉、蔬菜和粮食作物的主要害虫，蓟马除直接取食作物对产量和品质造成危害外，还可传播多种植物病毒，引起植物病毒病，使农业生产损失加重（图3-12至图3-15）。

图3-12　蓟马为害辣椒症状

图3-13　蓟马为害茄子叶片症状

图3-14 蓟马为害茄子枝条

图3-15 蓟马为害茄子果实

【形态特征】

蓟马个体微小,体形细长,易于隐藏,成虫有翅膀,飞行能力强,不同种类颜色有所不同,一般为黄色、金黄色、淡褐色、褐色或深褐色,若虫没有翅膀,颜色较成虫浅,由白色透明、浅黄色到深黄色不等。

【发生规律】

蓟马繁殖率高,抗药性强,生活习性多样,大多数在植物的花中取食花蜜和花粉粒,少数可起到传粉作用;部分生活在作物的叶片、嫩芽、幼果等处,取食汁液,为害作物。

【防治策略】

蓟马体形微小、繁殖快、抗逆性强、耐药性强,单一防治措施难以取得理想的效果。因此,应采取"预防为主、综合防治"的策略。

(1)清除田边杂草,加强水肥管理,提高作物抗性,收获后应及时翻耕清除残叶枯枝及杂草,消灭蓟马滋生和越冬场所。

（2）使用蓝板，铺设地膜，及时闷棚均可有效降低蓟马的危害程度。

（3）田间释放巴氏钝绥螨、胡瓜钝绥螨等捕食螨；喷施球孢白僵菌、绿僵菌对蓟马也有一定的防控作用。

（4）当前防治仍然主要依赖于化学防治。优先选用内吸性杀虫剂与其他作用机制的杀虫剂轮换交替使用或复配使用。推荐使用22.4%螺虫乙酯微乳剂、22%氟啶虫胺腈悬浮剂、10%吡丙醚乳油、5%溴虫氟苯双酰胺悬浮剂等按标签推荐剂量喷雾。此外，种衣剂拌种也可减轻苗期蓟马危害。

8. 辣椒茶黄螨

茶黄螨是辣椒的主要虫害，直接影响辣椒的品质和产量，为害症状与病毒病相似，常被广大辣椒种植户混淆，不能及时对症防治，导致病虫害肆虐扩展。

辣椒茶黄螨与病毒病、蓟马为害的区别见表3-1。

表3-1 辣椒茶黄螨与病毒病、蓟马为害的区别

	茶黄螨	病毒病	蓟马
叶片性状	受害叶突然变小，生长点突然缩在一起或死亡，叶片背面呈油质光泽、粗糙状	逐渐发展的过程，或出现花叶，或造成"三落一秃"（落蕾、落花、落果、秃尖）	叶片正面出现黄白色不规则斑点，叶片皱缩，叶背出现凹陷黄白斑，叶脉周围比较严重，严重时，病斑连接成片，形成大面积的白斑
叶片颜色	呈褐色	多数表现为黄绿相间的斑驳	白绿相间的斑驳
叶片卷曲方向	茶黄螨多在叶片背面为害，导致叶缘向下卷曲	受害病叶叶缘多向上卷曲	叶片呈皱缩状，嫩叶多向上卷曲

续表

	茶黄螨	病毒病	蓟马
果实	形成木栓化的大斑或果面被木栓化的组织覆盖，使果实生长受阻，最后形成僵果	受害果实表面有坏死斑点	以锉吸式口器划破表皮，取食汁液，会在果实上留下疤痕，随着蓟马取食移动，形成条状木栓化黄斑，严重的引起畸形
整株	茶黄螨喜欢在植株的幼嫩部位取食，受害症状在顶部的生长点显现，中下部无症状	除在顶部为害外，有时全株表现症状为：受害叶片都变硬、变脆、增厚	受害症状在顶部的生长点显现和叶片显现，中下部无症状
株高	植株无明显矮化现象	往往造成植株严重矮化，节间缩短	植株无明显矮化现象
是否有活虫	用放大镜观察嫩叶背面有0.1 mm大小的螨移动	无	肉眼可观察到1 mm大小的活虫
环境条件	温暖潮湿	干旱	温暖干旱
为害症状			

【为害症状】

茶黄螨为害辣椒，具有强烈的趋嫩习性，当取食部位变老时，茶黄螨立即向新的幼嫩部位转移，故亦称嫩叶螨。成螨、若螨（图3-16至图3-18）在上部幼嫩的芽尖、嫩叶背面取食，造成叶片褪绿明脉，受害部位具油渍状光泽，呈灰褐色或黄褐色，叶缘向叶背面卷曲，形成"下扣斗"，叶片增厚、发僵，嫩茎扭曲畸形、呈柳叶状。

叶片受害：成螨和幼螨集中在植株幼嫩部位刺吸汁液，致使嫩叶受害时皱缩、纵卷、变小，叶片增厚、僵硬、易碎，叶脉扭曲。叶片正面绿色，背面多呈黄白色至黄褐色，粗糙、发亮，具油渍状光泽或油浸状，叶片畸形窄小，皱缩或扭曲畸形，叶片从叶缘变褐，叶缘向下或向下卷曲,重症植株常被误诊为病毒病(图3-19、图3-20)。

图3-16 卵和雌若螨

图3-17 雌成螨

图3-19 茶黄螨为害辣椒田间症状

图3-18 雄螨背负雌螨

图3-20 茶黄螨为害辣椒叶片症状

嫩茎受害：表皮木质化，呈黄褐色，僵硬直立，或扭曲成轮枝状。茎部和叶柄表皮木质化失去光泽，节间缩短。

生长点受害：不发新叶，萎缩，形成秃顶，变为黄褐色。

花蕾、幼果受害：逐渐萎缩，不能开花、结果，严重时可导致落花、落蕾。

果实受害：果柄、萼片及果皮表面木质化，变为黄褐色，生长受到抑制，果实受害后变小、僵化、变硬，丧失光泽成锈壁果，后期致使果实开裂。茄子果实受害后果面形成典型木栓化网纹，肉质发硬，膨大后表皮龟裂，种子外露，呈开花馒头状（图3-21）。

图3-21　茶黄螨为害果实症状

【发生规律】

该虫生长发育迅速，完成1代需3～18天。在18～20℃条件下，7～10天可发育1代；28～30℃条件下，4～5天发生1代。在热带及温室条件下，全年均可发生。广东地区在5—6月和9—10月发生较重，一年发生30代以上。

【防治策略】

掌握防治时期，一旦发现茶黄螨为害症状，立即用药防治，若为害严重立即拔除受害严重的中心株，然后再喷药防治。喷药时要将幼嫩部位作为重点进行防治。可用20%阿维·螺螨酯悬浮剂、73%克螨特乳油、99%矿物油乳油等药剂按标签推荐剂量防治。每隔7~10天喷施一次，连续喷2~3次，能很好地杀死成螨和卵，控制其为害程度。

9. 烟粉虱

烟粉虱属半翅目粉虱科小粉虱属，是一种寄主范围极广的全球性虫害。

【为害症状】

烟粉虱有趋嫩性，成虫偏爱群聚在作物嫩叶背面刺吸植物汁液，使叶片褪绿、变黄，导致营养流失，并可分泌蜜露，诱发煤烟病，影响作物光合作用，还可以传播多种病毒引起的作物病毒病，使蔬菜生长受阻（图3-22、图3-23）。

图3-22 烟粉虱为害番茄

图3-23 烟粉虱为害辣椒

【发生规律】

烟粉虱繁殖能力强,在广东一年发生11~15代,无越冬现象,世代重叠严重,对茄果类蔬菜的生产具有严重的危害性,多雨季节,虫口数量较少。

【防治策略】

(1)农业防治:加强田间管理,及时清除残枝落叶和杂草,集中销毁。

(2)生物防治:人工释放丽蚜小蜂等天敌昆虫(图3-24)。

(3)物理防治:利用烟粉虱趋向性,田间放置黄板或黄板结合信息素诱杀成虫,每亩20~25张,根据虫量10天左右更换一次,随作物生长的高度及时调整悬挂高度(图3-25)。

(4)化学防治:可以用40%呋虫胺可溶粒剂、10%溴氰虫酰胺可分散油悬浮剂、20%烯啶虫胺可溶液剂、25%吡蚜酮可湿性粉剂、25%噻虫嗪水分散粒剂等药剂按标签推荐剂量对水喷雾,每7天喷施一次,连续喷2~3次。

图3-24 丽蚜小蜂寄生烟粉虱若虫

三、茄果类作物主要病虫害

图3-25　黄板诱杀

10. 茄果类药害

在茄果类作物生长过程中，由于农药使用不当或过量等原因，常导致植株受到伤害。

【为害症状】

叶片症状：叶缘失绿干枯，再生新叶叶缘缺刻浅，叶近圆形；叶片急速扭曲下垂，叶尖白化干枯；叶片上出现以叶脉隔离的黄色斑点，叶片脆，易脱落（图3-26）。

植株症状：植株矮化，生长缓慢，茎秆变粗；生长点受抑制，植株伸长受到限制；根系受损，再生能力差，侧根变粗变短。

花果症状：花瘦小不壮，易脱落；结实量少，畸形果较多。

【防治策略】

（1）喷水冲洗。在早期药液尚未完全渗透或被吸收时，迅速用大量清水喷洒叶片,反复冲洗3~4次,尽量把植株表面的药液冲刷掉。

(2)加强肥水管理。根据药害程度,增施速效性氮肥,可用尿素100~200倍液冲施,也可使用其他含氮量高的商品化水溶肥冲施。

(3)喷施植物生长调节剂。叶面喷施0.01%芸苔素内酯可溶性液剂1 000~1 500倍液、5%氨基寡糖素水剂500倍液或2%香菇多糖水剂500~700倍液。

(4)重新种植。对于药害严重的田块,一般不能恢复,可立即拔除重新种植。

(5)避免药害再次发生。严格按照农药使用规定和农药说明书来进行喷药,农药混合使用时要科学,避免在高温高湿或低温高湿的环境下喷施农药。

图3-26　辣椒药害

四、豇豆主要病虫害

1. 炭疽病

【为害症状】

炭疽病大多为害叶片，茎蔓、荚果也可受害，整个生长期均可发病，中后期发病较重，病斑前期为淡黄色水浸状斑点，后逐渐扩展为灰褐色近圆形病斑，中部有黄色晕圈，潮湿时生黑色小粒点，严重时形成大斑，使叶片枯萎，干燥时病斑中部易穿孔（图4-1）。

图4-1 豇豆豆荚炭疽病

【发生规律】

豇豆炭疽病由刺盘孢菌引起，高温、多雨、潮湿的天气易发病，气温在18 ℃左右开始发病，气温在20～28 ℃，空气湿度在90%～95%适宜其发病，当湿度大于95%时最易发病，栽培密度大、田间积水多、化肥施用过量、连作地块易暴发此病，结荚期发病比较严重。

【防治策略】

(1) 及时拔除病苗，摘除病叶、病果，增施磷、钾肥。

(2) 种子处理，播种前用高锰酸钾1 000倍液浸泡15 min，捞出洗净后再播种。

(3) 田间发现病害及时防治，可以用43%氟菌·肟菌酯悬浮剂、325 g/L苯甲·嘧菌酯悬浮剂按标签推荐剂量进行喷雾防治，每5～7天喷施一次，喷药后遇雨及时补喷。

2. 锈病

【为害症状】

锈病主要为害叶片，也可为害茎蔓和荚果。叶片染病，初期为褪绿小黄斑，后中间凸起，呈周围有晕圈的黄褐色近圆形病斑，最后表皮破裂，散出红褐色粉末（图4-2）。

图4-2　豇豆锈病

【发生规律】

全年可发病，4—7月为盛发期，春季多雨比秋季发生重，开花结荚期气候条件适宜可造成锈病长时间流行，植物长势弱、田间通风透光差易发病。

【防治策略】

（1）注意清洁田园，适当密植，及时修剪整枝，增加通风透光性。

（2）发病初期，可以用75%戊唑·嘧菌酯水分散粒剂、60%唑醚·锰锌水分散粒剂、40%腈菌唑可湿性粉剂、29%吡萘·嘧菌酯悬浮剂、20%噻呋·吡唑酯悬浮剂按标签推荐剂量进行喷雾防治。

3. 白粉病

【为害症状】

白粉病主要为害叶片，作物整个生长期都可发病，中后期发病严重。开始发病叶片正反两面叶脉旁边出现粉状黄白色近圆形斑，叶面居多，之后病斑渐渐扩大，形成外缘不明显的圆形白粉斑（图4-3），病斑密布整片叶，白色粉状物逐渐转为棕褐色或灰白色，叶片干枯变黄、脱落，甚至整株枯死。

图4-3　豇豆白粉病

【发生规律】

全年可发病,最适宜温度20~30℃,最适宜相对湿度50%~90%,4—11月为盛发期,春季多雨比秋季发生重,开花结荚期气候条件适宜可造成白粉病流行,连作地块、排水不畅、肥力不足、植物长势弱、田间通风透光差易发病。

【防治策略】

(1)注意清洁田园,适当密植,及时修剪整枝,增加通风透光性。

(2)选用抗病品种,增施有机肥,提高抗病能力。

(3)发病初期,可以用1%蛇床子素水乳剂进行喷雾防治。

4. 轮纹病

【为害症状】

轮纹病主要为害叶片,也可为害茎蔓和荚果。叶片染病,初呈紫色斑,后发展为近圆形褐色斑,具有明显的同心轮纹,潮湿时生霉状物(图4-4)。

图4-4 豇豆轮纹病

【发生规律】

全年可发病，无明显越冬现象，4—7月为盛发期，周年种植地块、植物长势弱、田间通风透光差、高温高湿易发病。

【防治策略】

（1）注意清洁田园，适当密植，及时修剪整枝，增加通风透光性。

（2）种子处理，育苗前可以用高锰酸钾1 000倍液浸泡30 min后洗净再催芽播种。

5. 蓟马

【为害症状】

蓟马属缨翅目蓟马科，以成虫及若虫锉吸豇豆幼嫩梢叶、花和荚果的汁液，造成被害豇豆的叶片褪绿，转皱畸形；花蕾受害后出现褐色斑，甚至无法正常开花坐果；为害荚果出现粗糙的黑褐色伤痕，造成豇豆黑头、花皮，影响产量和品质（图4-5、图4-6）。

图4-5　蓟马为害豇豆花

四、豇豆主要病虫害

图4-6 蓟马为害豇豆豆荚

【发生规律】

蓟马成虫常在豇豆的上部，有喜食嫩叶的生活习性，身体灵敏，行动迅捷，可跳跃，怕光照，集中在梢顶、花内、叶片背面。成虫体长大多在1～1.6 mm、体宽0.2～0.31 mm，雌成虫在细嫩的梢叶中产卵繁殖。成虫、若虫均可取食为害，气温在26～28 ℃条件下繁殖快，主要是孤雌生殖，也有两性生殖，一年发生20多代，世代重叠严重，可终年繁殖，容易泛滥成灾。

【防治策略】

（1）田间可以使用蓝板或蓝板结合信息素进行诱杀，每亩20～30张，悬挂高度：苗期高出豇豆冠层10～15 cm，生长中后期及开花结荚期距离地面约1.5 m，根据诱虫量，10天左右更换一次。

（2）在开花结荚期可以使用苦参碱、金龟子绿僵菌等生物农药防治。

（3）化学防治：可以选用25%噻虫嗪水分散粒剂、3%甲氨基阿维菌素苯甲酸盐微乳剂、20%虫螨腈·唑虫酰胺悬浮剂、22.4%

螺虫乙酯悬浮剂、10%溴氰虫酰胺可分散油悬浮剂等在豇豆上登记的药剂按标签推荐剂量进行茎叶喷雾防治。药剂防治时可以添加蓟马诱食剂，吸引蓟马接触药液，增加防效。

（4）由于很多蓟马会躲藏在花内为害，因此，防治时间上应该选择在上午7:00—9:00豇豆开花时喷药。

6. 豆荚螟

【为害症状】

豆荚螟又称豆野螟、豆荚野螟，属鳞翅目螟蛾科，以幼虫为害豇豆的花和荚果，初孵幼虫蛀入花蕾，造成落花，之后蛀入豆荚内取食幼嫩籽粒，把豆粒蛀成缺刻、孔洞，甚至把整个豆荚蛀空，并在荚内及蛀孔外堆积粪便，使豆荚变褐以致霉烂（图4-7至图4-9）。

图4-7 豆荚螟幼虫

图4-8 豆荚螟为害花

四、豇豆主要病虫害

图4-9　豆荚螟为害豆荚症状

【发生规律】

豆荚螟喜高温高湿，最适气候条件为温度25～30 ℃，相对湿度80%左右，田间4—10月为害最严重，成虫有趋光性，白天躲藏于叶背，可终年为害，无明显越冬现象。

【防治策略】

（1）由于豆荚螟会在叶片或蔓条与豆荚贴合处蛀入，因此，建议前期田间搭竹架的时候使用"X"形架（图4-10、图4-11），就能使后期豇豆开花结荚时垂直生长，减少与叶片、蔓条贴靠，降

图4-10　"X"形架　　　　图4-11　使用"X"形架豇豆垂直生长

低豆荚螟蛀荚率。

（2）可以使用苏云金杆菌等生物农药防治。

（3）化学防治：选用3%甲氨基阿维菌素苯甲酸盐微乳剂、30%茚虫威水分散粒剂、4.5%高效氯氰菊酯乳油、5%氯虫苯甲酰胺悬浮剂、25%乙基多杀菌素水分散粒剂、10%溴氰虫酰胺可分散油悬浮剂等在豇豆上登记的药剂按标签推荐剂量进行防治。需要轮换使用不同药剂，同时注意施药次数和农药安全间隔期。

7. 斜纹夜蛾

【为害症状】

初孵幼虫聚在卵块周围啃食豇豆叶片，剩余叶脉和部分表皮，呈透明网状，一有惊扰，便会向周围逃散或吐丝飘散。2龄后幼虫逐渐分散，食量加大，大龄幼虫进入暴食期常将叶片蚕食光仅留叶柄，也可为害花、豆荚表皮，斜纹夜蛾幼虫食性很杂，需警惕暴发成灾（图4-12、图4-13）。

图4-12　初孵幼虫聚集为害

图4-13　斜纹夜蛾田间为害症状

【发生规律】

斜纹夜蛾是一种喜温而又耐高温的暴食性害虫，对豇豆为害大，一年发生6～8代，全年均有发生，无明显越冬现象，成虫及各龄幼虫的发育适宜温度为25～30 ℃，最适宜湿度为75%～95%，其繁殖能力强，世代重叠严重，少量虫源即可大规模暴发，而且干旱少雨年份往往发生较重。

【防治策略】

（1）及时清除田间地头杂草，生长期人工摘除卵块和初孵幼虫叶片，集中销毁。

（2）性诱，田间放置斜纹夜蛾性诱捕器，每亩2～3个，及时更换诱芯。或采用诱虫灯（图4-14）诱杀。

图4-14 诱虫灯诱杀斜纹夜蛾成虫

（3）防虫网阻隔，可以搭建防虫网室，防虫网目数40～60目，高3 m，支撑柱间距3～5 m，立柱插地深度大于0.7 m。

（4）低龄幼虫抗药力差，可在3龄前，用1%苦皮藤素水乳剂按标签推荐剂量进行茎叶喷雾，根据昼伏夜出习性，宜在傍晚时用药。

8. 美洲斑潜蝇

【为害症状】

豇豆幼苗到成株期都会受美洲斑潜蝇成虫、幼虫为害,雌虫以产卵器刺入叶片产卵,初孵若虫潜进嫩叶取食,在叶表面形成不规则的白色弯曲虫道,虫道中间伴有黑色虫粪,造成叶肉缺失,影响作物光合作用(图4-15)。

图4-15 美洲斑潜蝇为害豇豆叶片症状

【发生规律】

美洲斑潜蝇一年发生15~16代,世代重叠,温湿度对其发生影响较大,各虫态历期随温度升高而缩短,最适宜温度为25~30 ℃,湿度为70%~80%,完成一个世代需15~18天,5月中旬后随气温升高,危害减轻,9月中下旬温度下降,又可出现危害高峰。

【防治策略】

(1)农业防治:种植前彻底清除田间杂草、残枝,带离集中烧毁，翻土灭蛹，初现虫道时及时剪除虫叶，压低虫口基数。

（2）物理防治：田间黄板诱杀成虫，每亩20～25张，10天左右更换一次。

（3）实时监测：准确掌握发生期，成虫高峰期5天左右开始防治，或叶片受害15%左右时防治。

（4）化学防治：可用10%溴氰虫酰胺可分散油悬浮剂、60 g/L乙基多杀菌素悬浮剂等在豇豆上登记的药剂按标签推荐剂量防治。

9. 蚜虫

【为害症状】

蚜虫是豇豆上的一大害虫，常以成虫和若虫群集在豇豆嫩叶及生长点和叶片背部刺吸汁液为害，导致叶片卷曲、成长缓慢，并可分泌蜜露诱发煤烟病影响光合作用和堵塞叶片毛孔抑制呼吸作用。蚜虫还是病毒病的主要传播媒介，会引起作物病毒病的流行，严重影响了豇豆的产量和品质，从而造成惨重的经济损失（图4-16）。

图4-16　蚜虫为害豇豆花蕾和果实

【发生规律】

蚜虫一年发生20多代,繁殖速度快,一代只需5~6天,世代重叠严重,干旱季节虫量较大,20~28 ℃时适合蚜虫的生长繁殖,降雨冲刷可使蚜虫为害减轻。

【防治策略】

(1)清洁田园,及时收集残枝落叶并集中处理。

(2)生物防治:可用1.5%苦参碱可溶液剂、1.5%除虫菊素水乳剂等生物农药按标签推荐剂量防治。

(3)化学防治:选用10%溴氰虫酰胺可分散油悬浮剂、50 g/L双丙环虫酯可分散液剂、24%阿维·氟啶悬浮剂按标签推荐剂量茎叶喷雾,视虫情,每隔7~10天喷施一次,连续喷2~3次。

10. 螨

【为害症状】

以若螨和成螨在叶背和嫩茎刺吸食植物汁液,造成叶片褪绿卷曲,叶片变硬、变脆,被害叶背茎蔓呈红褐色,抑制光合作用的正常进行,甚至枯黄、脱落(图4-17)。

图4-17 螨为害豇豆叶片

【发生规律】

螨以成螨、若螨和卵寄生在豇豆叶背,习性活泼,爬行迅速,有趋嫩性,可拉网穿行,借风力扩散。发生与温度、湿度有关,干旱无雨且气温高时为害严重,露地栽培6—7月是为害盛期。

【防治策略】

(1)螨具有很高的抗药性,必须选择杀灭成螨、若螨及卵的药剂复配使用,轮换不同药剂使用减缓抗性发展。

(2)药剂需要喷洒透彻均匀,不能留死角。

(3)建议浇水后进行防治,因为害螨怕水,浇水后,螨虫扎堆,并且不乱动,利于防治。

(4)防治建议间隔5天,连续2次进行综合预防,避免漏网之鱼。

(5)严禁使用高效氯氰菊酯、氯氰菊酯等菊酯类的农药。

11. 豇豆药害

在豇豆生长过程中,由于农药使用不当或过量等原因,导致植株受到伤害。

【症状】

叶片症状:叶缘失绿干枯,再生新叶叶缘缺刻浅,叶近圆形;叶片急速扭曲下垂,叶尖白化干枯;叶片上出现以叶脉隔离的黄色斑点、叶片脆,易脱落(图4-18)。

植株症状:植株矮化,生长缓慢,茎秆变粗;生长点受抑制,植株伸长受到限制;根系受损,根的再生能力差,侧根变粗变短。

花果症状:花瘦小不壮,易脱落,结实量少。

【防治策略】

(1)喷水冲洗。在早期药液尚未完全渗透或被吸收时,迅速用大量清水喷洒叶片,反复冲洗3~4次,尽量把植株表面的药液冲刷掉。

(2)加强肥水管理。根据药害程度,增施速效性氮肥,可用尿素100~200倍液冲施,也可使用其他含氮量高的商品化水溶肥冲施。

(3)喷施植物生长调节剂。叶面喷施0.01%芸苔素内酯可溶液剂1 000~1 500倍液、5%氨基寡糖素水剂500倍液或2%香菇多糖水剂500~700倍液。

(4)避免药害再次发生。严格按照农药使用规定和农药说明书来进行喷药,农药混合使用时要科学,避免在高温高湿或低温高湿的环境下喷施农药。

图4-18　豇豆药害

五、农作物病虫害绿色防控技术

（一）绿色防控定义

绿色防控是指以促进农作物安全生产、减少化学农药使用量为目标，采取生态控制、生物防治、物理防治等环境友好型措施来控制有害生物的行为。

（二）绿色防控技术集成路线

农作物病虫害绿色防控技术集成路线如图5-1所示。

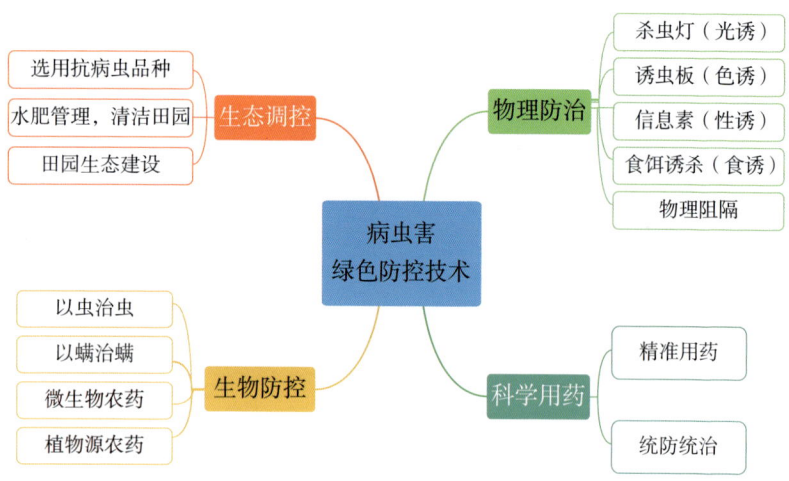

图5-1　绿色防控技术集成路线图

（三）生态调控

通过栽培管理措施，优化蔬菜生长环境，恶化害虫滋生环境，培育昆虫天敌定殖与增殖环境。

1. 选用抗病虫品种、合理布局

品种的合理布局，可减少病虫害发生，所以选用抗病虫品种是防治农作物病虫害最经济有效的方法。实行轮作和间作，例如通过稻菜轮作，或不同科蔬菜轮作，改变害虫生存环境，阻断有害生物的循环侵染。

2. 水肥管理，清洁田园

科学水肥管理：重施有机肥，轻施化肥。田间确保雨后能及时排水降渍。要求菜地畦面不积水，雨停沟干，降低田间湿度，减少害虫发生。

清洁田园：及时清理各种农业生产废弃物，改善田园生态环境。蔬菜收获后要及时彻底清除残枝败叶（小菜蛾、菜青虫）及翻耕晒畦（黄曲条跳甲、斜纹夜蛾、斑潜蝇、瓜实蝇），消除害虫滋生场所。秋耕深翻，降低越冬虫源；结合中耕除草，及时清除田间、埂边杂草，减少病虫越冬、越夏场所。

（四）物理防治

1. 诱杀

诱杀包括光诱（图5-2）、色诱（图5-3）、性诱（图5-4）等。

图5-2 杀虫灯
（光诱）

图5-3 诱虫板
（色诱）

图5-4 昆虫信息素
（性诱）

2. 物理阻隔

利用害虫的活动习性，设计各种障碍物，阻止害虫为害蔓延。

防虫网是生产绿色蔬菜的最佳覆盖材料。几乎能完全防止蚜虫、白粉虱、斑潜蝇、夜蛾等多种害虫的侵入，同时切断病毒病的传播（图5-5）。

图5-5 防虫网阻隔技术

果实套袋可防止害虫取食和产卵，特别是实蝇类害虫，一般用于高价值农作物（图5-6）。

图5-6　果实套袋

（五）生物防治

生物防治是指利用生物、生物产物抑制害虫生存和繁殖的一种农作物病虫防治方法。

1. 以虫治虫

利用捕食性天敌和寄生性天敌防治害虫。如释放赤眼蜂防治鳞翅目害虫，释放叉角厉蝽防治鳞翅目害虫幼虫，释放草蛉、瓢虫控制蚜虫（图5-7）。其他天敌：蜘蛛、步甲、隐翅虫等。未来通过释放天敌防治害虫的拓展空间还很大。

蔬菜病虫害诊断与防治技术

图5-7 叉角厉蝽捕食斜纹夜蛾

2. 以螨治螨

通过人工田间释放巴氏钝绥螨、胡瓜钝绥螨等捕食螨降低害螨的虫口基数（图5-8、图5-9），常用于有机农业的生产。

图5-8 释放捕食螨

图5-9 巴氏钝绥螨

3. 植物源农药

我国植物源农药目前主要种类有苦参碱、鱼藤酮、除虫菊素、印楝素、苦皮藤素、藜芦碱、烟碱、丁子香酚（杀菌剂）和蛇床子素（杀虫抑菌）等。

4. 微生物农药

微生物农药包括细菌、真菌、病毒或其代谢物。常用的有以下几种：

（1）枯草芽孢杆菌防治植物病害。

（2）苏云金杆菌（Bt）防治鳞翅目害虫。

（3）核型多角体病毒（NPV）防治鳞翅目害虫。

（4）白僵菌防治鳞翅目害虫。

（5）绿僵菌防治鳞翅目害虫。

（六）科 学 用 药

1. 精准用药

精准用药技术主要是选择高效、低毒、低残留的环保型农药。科学使用农药，包括适期、适量、对症用药，采用新型施药器械，提高药液雾化效果，以减少农药用量，提高农药的有效性。

（1）防治理念上注重防治结合。

（2）更换新型喷药器械，逐步减少老式喷药器械的使用。

（3）高效低毒农药，交替使用。

①小菜蛾对甲氨基阿维菌素苯甲酸盐、茚虫威、虫螨腈、乙基多杀菌素、溴虫腈、虫酰肼处于中等至高抗水平抗性,对氯虫苯甲酰胺、阿维菌素处于高抗水平。

建议:暂停使用氯虫苯甲酰胺、阿维菌素防治小菜蛾;在小菜蛾对乙基多杀菌素、溴虫腈、茚虫威处于中等至高水平抗性地区,减少或暂停使用这些药剂;在小菜蛾不同世代间,交替轮换使用不同作用机理药剂。

②甜菜夜蛾对氯虫苯甲酰胺高水平抗性;对茚虫威表现中等至高水平抗性;对昆虫生长调节剂类药剂甲氧虫酰肼表现低至中等水平抗性;对大环内酯类药剂多杀菌素表现敏感至低水平抗性。

建议:调整用药策略,停止使用氯虫苯甲酰胺防治甜菜夜蛾,严格控制甲氧虫酰肼、茚虫威、多杀菌素在甜菜夜蛾防治中的使用次数(每季蔬菜不超过1次),并注意不同作用机理药剂的交替轮换使用。

③烟粉虱抗药性较高的蔬菜产区应停止使用溴氰虫酰胺、吡丙醚、螺虫乙酯等抗性上升的药剂。轮换使用氟啶虫胺腈、呋虫胺等具有不同作用机理的药剂。

④豆大蓟马种群对乙基多杀菌素处于中等水平抗性,对甲维盐、虫螨腈、氟啶虫胺腈、高效氯氰菊酯处于高等水平抗性,对呋虫胺、溴虫氟苯双酰胺处于高等水平抗性。

建议:发生初期选用金龟子绿僵菌、苦参碱等生物农药;乙基多杀菌素可作为主要防治药剂,与溴氰虫酰胺等不同作用方式、不同作用机理的药剂轮换使用;严格限制甲氨基阿维菌素苯甲酸盐、虫螨腈使用次数,每个生长季使用不超过1次。

(4)合理使用农药助剂。农药助剂的合理使用可以增加防治效果,减少农药的使用量。

2. 统防统治

（1）许多病虫害具有跨区域流行和迁飞的特点，还有一些暴发性和新发生的疑难病虫害也危害较重，农民一家一户难以应对，常常出现"漏治一点，危害一片"的现象。

（2）农村劳动力外出务工，务农劳动力会出现结构性短缺，造成病虫害防治人力不足，如何充分利用现代化设备和高科技力量做好病虫害防治工作已成为当前农业遇到的一大难题。

（3）发展专业化统防统治，可以节约劳动力，提高病虫害防控效果、效率和效益，最大限度地减少病虫危害损失，保障农业生产安全。

参 考 文 献

胡燕，周娜，郑阳，等，2019. 甘蓝黑腐病研究进展［J］. 南方农业，13（1）：63-65.

金扬秀，谢关林，2002. 瓜类枯萎病防治研究进展［J］. 植物保护，28（6）：43-45.

刘志才，2005. 广东佛山地区斜纹夜蛾发生规律及防治研究［D］. 长沙：湖南农业大学.

任宗杰，郭永旺，王云鹏，等，2024. 2023年全国农业有害生物抗药性监测结果与治理对策［J］. 中国植保导刊，44（5）：69-76.

肖勇，吴雨洪，靖湘峰，等，2023. 我国黄曲条跳甲综合治理研究进展［J］. 植物保护，49（2）：22-31，64.